Mouhamed Lemine Ould El Kettab

Causeries sur la Mauritanie dans la cour d'un lycée

Dessins et scènes
Mohamed El Hacen

L'Harmattan

5-7, rue de l'Ecole-Polytechnique, 75005 Paris

http://www.librairieharmattan.com
diffusion.harmattan@wanadoo.fr
harmattan1@wanadoo.fr

ISBN : 978-2-296-54634-9
EAN : 9782296546349

Table des matières

Najib

Najib était un jeune garçon qui naquit à Nouakchott voici 15 ans. Son père et sa mère, qui étaient respectivement professeur d'université et docteur en médecine, s'étaient établis depuis le début des années 1980 à Nouakchott où ils possédaient une maison située dans une rue sans nom du quartier résidentiel de Tevragh-Zeina.

Najib était un charmant garçon au teint très clair. Les traits de son visage étaient réguliers. Il avait de grands yeux noirs, un nez aquilin et des lèvres bien dessinées et charnues ; sa chevelure noire était abondante et soyeuse. Il était bien élevé, doux, intelligent et méthodique. Il aimait la lecture et la musique et avait un vif intérêt pour les beaux-arts tels que la peinture, la sculpture, le cinéma et le théâtre.

Najib fréquentait un collège situé dans un quartier près de chez lui.

En juin 2000, il réussit avec brio l'examen de passage en seconde et se fit orienter au Lycée National. Depuis, il attendait avec impatience l'ouverture scolaire pour poursuivre ses études secondaires dans ce prestigieux établissement où une bonne frange de l'élite nationale avait fait ses études depuis les premières années de l'indépendance nationale.

Le 1er octobre 2000, à 8 heures, Najib se rendit au Lycée National avec un mélange de joie et d'anxiété. Arrivé à l'établissement il se dirigea vers les tableaux d'affichage sur lesquels étaient collées les listes d'élèves admis dans les différentes classes de l'établissement.

Les élèves se pressaient autour de ces tableaux pour repérer leur nom sur les listes affichées. Najib trouva la liste comportant son nom et rencontra certains de ses nouveaux condisciples. Après les présentations préliminaires et les salutations d'usage, les nouveaux camarades qui venaient de faire connaissance et dont le cercle s'élargissait au fur et à mesure échangèrent des propos concernant les collèges d'où ils venaient et les difficultés qu'ils avaient rencontrées au cours de l'année écoulée.

Ils échangèrent également des informations sur les régions du pays dont ils étaient originaires et firent des commentaires sur la nouvelle réforme du système éducatif qui venait d'entrer en vigueur, exprimant leur satisfaction face à l'introduction de l'enseignement des langues étrangères qu'ils considéraient comme étant absolument indispensable pour toute formation moderne et véritablement qualifiante.

Comme ces élèves évoquaient leurs expériences respectives dans les établissements scolaires qu'ils avaient fréquentés et comme ils décrivaient avec force détails les aspects de la vie des wilayas d'où ils provenaient, Najib eut à l'idée que, si un élève de chaque wilaya du pays entretenait ses camarades, fût-ce pour quelques minutes, de cette wilaya, cela serait instructif et édifiant pour tous, dans la mesure où il permettrait à chacun d'entrevoir les différentes facettes de la réalité nationale.

Quant Najib fit part de cette idée à ses nouveaux camarades, ils l'approuvèrent immédiatement et l'adoptèrent avec enthousiasme. Par la suite, les élèves de cette classe, de seconde B en l'occurrence, décidèrent à l'unanimité qu'ils utiliseraient un créneau situé en dehors des heures de cours pour se retrouver, à intervalles réguliers, sous un arbre dans la cour du lycée, en vue d'organiser des exposés-débats sur les différentes wilayas du pays, estimant que cela permettrait à tout le monde d'en savoir plus sur le pays dans son ensemble.

Ils adhérèrent tous, sans réserve, à cette idée dont ils firent part à leur professeur de français qui l'approuva à son tour et promit d'assister à toutes les rencontres pour suivre les exposés sur les différentes wilayas et les débats qu'ils susciteraient, qualifiant cette expérience d'intéressante.

Najib présente Nouakchott

Jeudi 12 octobre 2000 à 17 heures, après avoir fini leur cours de la journée les élèves de seconde B, se rassemblèrent sous un arbre dans la cour du lycée en présence de leur professeur de français. Najib monta au créneau et dit :

« Mesdemoiselles, Messieurs, chers camarades, permettez-moi d'abord de me présenter à ceux d'entre vous que je n'ai pas encore rencontrés. Je m'appelle Najib, je suis de Nouakchott. Je suis heureux d'avoir fait votre connaissance et fier de vous avoir comme camarades de classe. Je voudrais remercier en votre nom à tous, notre professeur de français Monsieur Hammadi, d'avoir si gentiment accepté de prendre part à tous les rassemblements studieux que nous envisageons de tenir pendant les semaines à venir. Merci Monsieur le professeur d'être à nos côtés.

Nous avons, comme vous le savez, convenu de nous rassembler un jeudi sur deux après le dernier cours de la journée, ici sous cet arbre, pour échanger des informations concernant tous les aspects de la vie de différentes wilayas du pays auxquelles nous appartenons et pour agiter à l'occasion toutes les idées qui nous tiennent à cœur. Je suis persuadé que cette expérience inédite sera fructueuse.

Je suis personnellement disposé à être le premier orateur. Je vous entretiendrai si vous le voulez bien de ma ville natale, Nouakchott. Je demanderai par la suite à l'un d'entre vous de se porter volontaire pour nous parler de sa wilaya lors de notre prochain rassemblement. Êtes-vous d'accord ? »

« Nous sommes tout à fait d'accord ! Tu peux commencer Najib ! » répondirent plusieurs voix à l'unisson.

« Bien, quand on considère aujourd'hui la ville-champignon de Nouakchott, avec ses multiples rues encombrées de véhicules de tous genres et de piétons allant dans tous les sens, on a peine à imaginer qu'en 1957, c'est-à-dire il y a 44 ans seulement, cette ville n'était qu'un hameau minuscule formé d'une demi-douzaine de maisons en banco construites autour d'un puits situé sur la route transafricaine n°1 qui reliait Dakar à Alger. L'Édifice principal de ce petit village était un garage où étaient réparés les camions appartenant à une compagnie appelée Lacombe qui assurait le transport le long de cet axe routier. Tout autour de ce village il n'y avait que des dunes de sable couvertes par une végétation rabougrie et broussailleuse.

Il m'avait été donné de voir des photos de ce village et de regarder une émission de télévision là-dessus et, croyez-moi, il ressemblait à une tache minuscule perdue dans un paysage lunaire particulièrement inhospitalier. Il paraissait si fragile et si irréel que l'on avait toutes les peines du monde à imaginer qu'il puisse un jour devenir non seulement une ville, mais la capitale d'une nation ! Pourtant, c'est bien ce qui eut lieu.

En 1959, il fut décidé de transférer la capitale politique de la Mauritanie, de Saint-Louis du Sénégal vers ce village lilliputien qui fut, du jour au lendemain, transformé en capitale pour notre pays qui, lui, émergeait de l'ère coloniale. Les semences du futur Nouakchott, pour ainsi dire, furent mises à terre.

En effet, quelques bâtiments furent hâtivement érigés çà et là pour abriter la présidence de la République, l'Assemblée nationale, les principaux ministères, etc.

Au cours de la même année, l'assemblée territoriale proclama la naissance de la république islamique de Mauritanie, qui accéda à l'indépendance nationale, comme tout le monde le sait, le 28 novembre 1960.

Les premiers Conseils de ministres furent tenus sous la tente, faute de locaux en dur appropriés. Ensuite, pour permettre l'accès au pays, alors complètement enclavé, un petit aéroport fut construit. Puis les petites maisonnettes que vous pouvez encore voir en face de l'actuel ministère du Développement Rural et de l'Environnement, furent construites pour abriter le chef de l'État et les membres du Gouvernement. Plus tard, le dispensaire du Ksar fut édifié suivi de la grande mosquée. Ainsi 5 ans après l'Indépendance de notre pays, notre capitale, Nouakchott, consistait en quelques bâtiments dispersés çà et là. Il n'y avait pas de routes goudronnées, ni d'eau courante, ni d'électricité, ni de téléphone, ni rien du tout !

De plus la broussaille qui couvrait les larges espaces séparant les bâtiments épars existants, était parfois si épaisse qu'elle servait d'abri à une faune sauvage variée comprenant notamment des hérissons, des lièvres, des fennecs, des renards, des chacals et même des hyènes sans parler de serpents, de scorpions et d'une large gamme d'insectes nuisibles. Il était donc tout à fait hasardeux d'aller d'une maison à l'autre après la tombée de la nuit.

Ce que je vous dis là est loin d'être une description exhaustive de ce qu'était Nouakchott à sa naissance, il ne s'agit que d'une esquisse rapide visant à vous donner une idée approximative de l'état de cette ville il y a une cinquantaine d'années de cela. Stupéfiant, non ?

-Oh ! Oui ça l'est vraiment !, s'exclama un élève les yeux exorbités.

-Comment les gens se procuraient-ils de l'eau potable, quand l'eau courante n'existait pas ?

-Au début, l'eau potable était soit tirée des puits existants soit apportée dans des camions-citernes à partir de Rosso et distribuée à la population. Plus tard il fut procédé au dessalement de l'eau de mer et ce jusqu'à la découverte relativement récente de la nappe d'Idini qui depuis sa découverte jusqu'à nos jours alimente Nouakchott en eau potable.

-Dis-moi Najib, à quel point était-il réellement dangereux de circuler dans les rues de Nouakchott pendant la nuit ?

- En fait l'émission que j'ai regardée permettait de constater qu'il n'y avait pas de rues à proprement parler car les rares constructions qui existaient étaient dispersées et les espaces qui les séparaient étaient non aménagés et broussailleux et servaient souvent de repères aux animaux sauvages comme je l'ai dit. De sorte qu'assez souvent, les gens se trouvaient nez-à-nez avec un chacal ou un coyote. C'était effrayant, surtout pour les enfants !

-Attention ce n'est pas pour vous épater que je vous dis cela, je vous le dit parce que c'est la vérité !

-J'imagine que oui ! Car ce n'est pas rassurant de savoir que l'on peut à n'importe quel détour se trouver face à face avec un chacal ou une hyène. » répondit Najib en souriant.

Ayant terminé son propos Najib regagna sa place non sans avoir été applaudi par ses camarades qui avaient apprécié son exposé sur la naissance et l'évolution progressive de la ville de Nouakchott.

Najib s'enquit sur l'élève qui serait disposé à se porter volontaire pour présenter un exposé sur sa wilaya lors du prochain rassemblement. Une jeune fille leva le doigt. Elle s'appelait Kadia et dit être prête à parler de sa wilaya, le Gorgol, lors de la prochaine rencontre. Les élèves prirent congé les uns des autres et quittèrent les lieux joyeux et jubilants.

Kadia présente le Gorgol

Jeudi 26 octobre 2000, à 17 heures, les élèves se retrouvèrent à nouveau sous le même arbre pour reprendre leurs causeries. Najib invita Kadia à prendre la parole. Elle le rejoignit pour ce faire et se tint debout faisant face à ses camarades assis en demi-cercle à l'ombre de l'arbre.

Kadia était une jeune fille de 16 ans. Elle était mince et élancée, elle avait un teint noir d'ébène ; les traits de son visage étaient fins et réguliers. Elle tenait dans sa main droite un papier sur lequel elle avait marqué des notes.

Elle serra la main à Najib et gratifia l'audience attentive d'un large sourire s'efforçant de surmonter le trac qui l'étreignait et qui faisait trembler légèrement le papier dans sa main. Elle prit son courage à deux mains et commença son exposé, et dit :

« Chers camarades, c'est pour moi un plaisir d'avoir à vous entretenir un peu sur ma wilaya dont je suis originaire à savoir le Gorgol.

Cette wilaya est comme vous le savez sans doute, situé dans la partie méridionale de notre pays, dans la vallée du fleuve Sénégal notamment. Elle est contigüe aux wilayas du Guidimagha, du Brakna, du Tagant et de l'Assaba ; elle est limitée a l'Ouest par la République du Sénégal. Sa capitale régionale est Kaédi et ses principales villes sont : M'bout, Monguel, Lexeiba, Toufoundé Sivé et Maghama qui est ma ville natale.

Le taux annuel de précipitation au Gorgol est relativement important en comparaison avec les autres wilayas du pays. Le gorgol par ailleurs l'une de nos wilayas les plus peuplées. J'estime que l'on peut dire que le volume de précipitations annuelles, l'humidité qui en résulte, la densité et la diversité de la végétation, la disponibilité de l'eau et des terres arables sont les facteurs qui avaient déterminé les principales activités des habitants de wilayas.

Ces activités sont en premier lieu l'agriculture qui comporte une technique traditionnelle appelée « Diery » consistant à cultiver sous pluie ou en décrue : le millet, le sorgho, le maïs etc. et une technique moderne basée sur l'usage systématique et qui, elle, permet de pratiquer une culture intensive de riz et des produits maraîchers (légumes et fruits) ; et en second lieu l'élevage, celui en particulier des bovins et des ovins. Vient ensuite l'activité de la pêche fluviale appelée « walo-walo » qui assure des revenus d'appoint une bonne frange de la population de la wilaya. Il y a enfin les activités secondaires qui sont complémentaires aux activités principales à savoir l'artisanat, la poterie et le petit commerce.

Voilà grosso modo les principales activités socio-économiques et professionnelles des populations de la wilaya.

Pour être plus exhaustive je dois indiquer que les populations locales sont confrontées à des maux de nature à fragiliser leur situation sanitaire et à précariser leur bien-être social ; parmi ceux-ci on peut citer le malaria, les maladies diarrhéiques et le ver de guinée. Outre ces affections, les populations font parfois face à des calamités naturelles telles que les inondations épisodiques des épizooties etc....

Si ces calamités sont dans une large mesure indépendantes de la volonté des populations, il y a d'autres maux tout aussi pernicieux que ces populations s'infligent elles-mêmes ; il s'agit en l'occurrence de la dégradation de l'environnement à travers la déforestation inconsidérée et les pratiques traditionnelles aux conséquences néfastes telles que les scarifications, l'excision mutilante infligée aux fillettes sans parler des mariages précoces, de la polygamie etc. ...

Cependant grâce à leur dynamisme et à leur labeur, les populations de la wilaya réussissent non seulement à venir à bout de tous ces impondérables naturels et de ces aléas sanitaires mais aussi à améliorer considérablement leur vécu quotidien ; et les autorités nationales font tout pour étayer et consolider ces efforts d'autopromotion déployés par les populations de la wilaya.

Voilà chers camarades les quelques éléments de réflexions qu'il me plait de vous soumettre en rapport avec la wilaya du Gorgol, j'espère qu'ils vont servir de cadre de discussion qui permettra un échange exhaustif et fructueux. Je vous remercie.

Là-dessus, Najib se leva, se dirigea vers Kadia et dit : « Merci beaucoup Kadia pour cette stimulante contribution. A présent ceux d'entre vous qui souhaitent poser des questions, apporter des précisions ou faire des commentaires. Allez-y, vous avez la parole ». Les questions suivantes furent posées à Kadia :

- « Quel est l'impact des mariages précoces que tu as mentionnés tantôt et les grossesses qui en découlent sur l'éducation des jeunes filles dans la wilaya ? En d'autres termes, jusqu'à quel point cela perturbe-t-il la scolarité de ces jeunes filles ? ».

- « Ces mariages et leurs conséquences ont indéniablement un impact négatif sur la scolarisation de jeunes filles dont le nombre dans les écoles diminue à mesure qu'elles s'approchent de la puberté, si bien que seule une minorité d'entre elles arrivent finalement à finir leurs études secondaires ».

- « Quelle est l'attitude des femmes éduquées vis-à-vis de la polygamie au Gorgol ? Peux-tu nous éclairer là-dessus ? ».

- « En fait les femmes, instruites ou pas, semblent être divisées face à cette question. Certaines s'y opposent avec plus ou moins de vigueur, d'autres la tôlèrent avec plus ou moins de bonne grâce ; une troisième catégorie adopte une attitude hésitante à son égard. Vous savez cette pratique est si profondément ancrée dans nos mœurs qu'il n'est pas facile de s'en défaire du jour au lendemain.

Pour ma part, j'y suis résolument opposée mais ce n'est là que mon point de vue personnel qui n'engage que moi ».

- « Est-ce que tu as une idée du degré de la propagation des maladies sexuellement transmissibles en particulier le SIDA, dans la wilaya ? ».

-« Je ne suis pas bien édifiée sur cette question mais d'après les ouï-dire ces maladies existent bel est bien dans la wilaya ; il en est ainsi du SIDA qui n'est plus une réalité virtuelle. Fort heureusement une prise de conscience du danger que ce fléau représente semble s'accentuer chaque jour un peu plus ».

Après un long échange d'idées, d'informations et de remarques concernant les atouts et les handicaps de la wilaya entre l'oratrice et son auditoire, Najib renouvela ses remerciements à Kadia et demanda à l'audience de bien l'applaudir, ce qu'elle fit de bon cœur.

La date du rassemblement suivant ayant été fixée au 2 novembre 2000, les élèves partirent du lycée en petits groupes.

«

Sidaty présente l'Assaba

Quand les élèves se retrouvèrent à nouveau à la date convenue, c'était pour écouter un nouvel orateur que Najib avait prié de s'adresser à l'audience. Il se nommait Sidaty et était de l'Assaba.

Sidaty été un garçon frêle âgé de 15 ans. Sa peau était halée, les cheveux de sa tête, légèrement oblongue, étaient coupés courts, il avait un nez en bec d'aigle, de larges dents ses petits yeux très mobiles.

Sidaty fit face à ses camarades, les dévisagea un instant et dit :

« Bonjour tout le monde ! Aujourd'hui c'est mon tour de vous parler de ma wilaya, l'Assaba. Mais auparavant je vais me présenter. Je m'appelle Sidaty je suis né à Kankoussa il y a 15 ans de cela. Ma wilaya est comme vous devez le savoir, limité à l'Ouest par les wilayas du Brakna, du Gorgol et du Guidimakha, à l'Est par Hodh El Gharbi, au Nord par le Tagant et au Sud par la

République du Mali. Sa capitale régionale est Kiffa. Ses principales villes sont : Kankoussa, Boumdeid, Guerrou et Barkeol. La superficie de la wilaya est de 36 000 km^2 et sa population approche les 230 000 habitants. Les quantités de pluies qui y tombent varient d'une année à l'autre, mais elles ont été satisfaisantes dans l'ensemble durant les 5 dernières années. En conséquence la végétation devient de plus en plus épaisse et les pâturages de plus en plus verdoyants ce qui favorise considérablement l'activité pastorale qui constitue la principale occupation rémunératrice d'une bonne partie des populations locales. Le cheptel se compose essentiellement de Camelins, de Bovins, d'Ovins et de Caprins.

La quantité annuelle de précipitations permet également l'activité agricole qui comprend bien aussi les techniques culturales traditionnelles que les techniques modernes. La cueillette des dates et des certains fruits sauvages du cru, comme la gomme arabique, constitue une autre source de revenu pour les populations du terroir.

La wilaya souffre de temps à autre de calamités telles que les sécheresses cycliques, les pestes animales, les invasions des criquets pèlerins ce qui favorise l'avancée du désert. Les populations dans la wilaya de l'Assaba sont, elle aussi en but à des aléas sanitaires réels ; mais des efforts appréciables sont déployés par les pouvoirs publics pour y remédier à travers des campagnes de vaccinations répétitives au profit des populations et de leurs cheptels.

D'autres actions ponctuelles tels que les forages des puits, l'électrification des centres urbains, la mise sur pied de petits projets à caractère social sont menés pour améliorer les conditions de vie de ces populations.

Sur ce Sidaty s'arrêta de parler, se gratta la tête un instant et dit :

« Bien, je pense que j'ai dit tout ce que je me proposais de dire sur ma wilaya. Je vais donc céder la parole pour vous permettre de faire vos remarques et poser vos questions. A vous donc la parole ».

Najib remercia Sidaty et incita ceux qui voulaient intervenir de se faire connaître.

Les élèves apportèrent des compléments d'informations sur les divers aspects de la vie dans la wilaya et posèrent une variété de questions dont les suivantes :

-« Est-il vrai que l'état de la route menant à kiffa est si mauvais que les voyageurs qui l'empruntent se voient contraint de bifurquer tantôt à droite tantôt à gauche courant ainsi le risque de se perdre dans le désert ? »

- En fait, certaines portions de cette route bien qu'ayant des nids-de- poules harassants ; demeurent praticables alors que d'autres sont dans un état tel que les usagers préfèrent emprunter des pistes parallèles difficilement carrossables. Toutefois les travaux de réhabilitation de cette route sont en cours et elle sera à nouveau opérationnelle sous peu, d'après ce que j'ai entendu dire ».

« On raconte que dans certaines localités chez vous, les gens s'abstiennent d'utiliser le courant électrique dont le gouvernement les a dotés à grands frais arguant qu'il les éblouit et qu'il leur donne le tournis. Cela est-il vrai ? ».

-« Il y'a une part de vérité en cela. Car voyez-vous en raison de la chaleur excessive qui caractérise la wilaya, les gens préfèrent dés la tombée de la nuit être dehors à la belle étoile à la recherche du moindre filet d'air frais plutôt que de rester entre quatre murs.

Puis vous savez les gens avaient l'habitude de se contenter du clair de lune ou à la rigueur des lampes rustiques plus adaptées aux impératifs de leur mode de vie. De plus ils n'éprouvaient aucun besoin pour l'électricité ; et la brusque irruption de ce moyen d'éclairage trop lumineux et chauffant à pris les gens au dépourvu et les a, un peu, effarouchés. Il leur a fallu donc un certain temps pour accepter l'électricité et l'intégrer dans leur mode d'existence. Mais aujourd'hui tout le monde a pris conscience non seulement de ses innombrables vertus mais de l'inconvénient de ne pas en disposer ».

« La pratique du gavage de jeunes filles consistant à leur faire avaler de force de grandes quantité de lait ou de bouillie existe-t-elle toujours dans votre wilaya ?

- Cette pratique horrible, qui n'est pas, il faut le souligner, l'apanage de notre wilaya, existe dans les contrées retirées. Mais elle semble en nette régression. Cette pratique affreuse est de plus en plus dénoncée et prise pour ce qu'elle est, c'est-à-dire une forme de torture corporelle infligée aux jeunes filles qui sont contraintes sous peine d'être battues ou pincées à l'aine, d'ingurgiter à leur corps défendant et au détriment de leur santé une grande quantité d'aliments insipides et ce pour hâter le développement de leur corps de façon à pouvoir les donner en mariage le plus tôt possible ; ce qui les exposera aux dangers d'une maternité précoce, compromettra définitivement leur scolarisation et les prédisposera à l'analphabétisme et au crétinisme !

- Y a-t-il des actions spécifiques visant à l'amélioration des conditions de vie des femmes dans la wilaya ?

- Oui il y en a ; en effet le gouvernement, certains pays amis et des organisations non gouvernementales bénévoles conjuguent leurs efforts pour aider des associations et des coopératives féminines à promouvoir des activités génératrices de revenus ».

Monsieur Hammadi, le professeur de français, écoutait attentivement le débat qui se déroulait autour de lui, il n'intervenait pas mais prenait systématiquement des notes des informations fournies et des questions soulevées.

Quand Sidaty répondit à l'ensemble des questions posées, Najib lui renouvela ses remerciements, le fit applaudir par l'assistance. Puis il clôtura la séance après avoir rappelé la date de la prochaine rencontre.

Isselmou présente le Tagant

Jeudi 16 novembre 2000, à l'heure convenue, les élèves de la seconde B se retrouvèrent dans la cour du lycée pour tenir leur troisième rencontre. L'orateur que Najib invita, cette fois-ci, à prendre la parole en vue de présenter son exposé fut un ressortissant de la wilaya du Tagant. Il s'appelait Isselmou. Il était rondouillard et avait un visage poupin aux joues pleines. Il était spontané et détendu.

Isselmou salua l'assistance et commença son exposé en disant : « Bonjour à tous ! Aujourd'hui c'est mon tour de vous parler de ma wilaya, le Tagant. J'espère que mon exposé ne sera pas soporifique au point de vous faire dormir à poings fermés. Et si cela devait arriver, je vous souhaite à l'avance de bons rêves et vous prie de ne pas trop ronfler !

C'est pour vous taquiner et surtout pour surmonter le trac ! Passons aux choses sérieuses. Pour commencer permettez-moi de me présenter. Je m'appelle Isselmou, « Sleilmou » pour les intimes. Je suis né en 1986 à Moudjeria.

La wilaya objet de notre causerie aujourd'hui est contiguë à l'Adrar au nord, au Brakna à l'ouest, au Hodh El Gharbi au sud et au Hodh Echargui à l'est. Sa capitale régionale est Tijikja et ses principaux centres urbains sont Moudjéria, Tichit, Rachid et El Ghédia. La superficie totale de la wilaya est, si je ne m'abuse, de 96 500 km et sa population approche les 70 000 habitants.

Les conditions climatiques qui prévalent au niveau de la wilaya font que le volume annuel des précipitations est assez limité ; ce qui explique que la végétation est plutôt éparse, que l'eau est rare et que son exhaure est difficile et coûteuse. Les activités économiques de base qu'un tel environnement écologique permet sont l'élevage extensif et l'agriculture traditionnelle.

Le cheptel de la wilaya est constitué de camelins, de bovins, d'ovins et de caprins. Pour ce qui est de l'activité agricole, elle consiste à la culture sous pluie de certaines céréales et de quelques produits maraîchers en plus de la cueillette annuelle des dattes.

Outre l'élevage extensif et l'agriculture traditionnelle, il existe une activité d'appoint qui a des retombées bénéfiques sur la wilaya, il s'agit du commerce pour lequel les habitants du Tagant sont réputés avoir une disposition particulière.

Je dois indiquer pour être complet que la wilaya du Tagant fait elle aussi face à de sérieux handicaps qui sont susceptibles d'entraver son développement socio-économique. Parmi ces handicaps il faut citer la rareté de l'eau, le rétrécissement des pâturages, la faiblesse de l'agriculture, la récurrence des calamités naturelles telles que les sécheresses, les invasions des sauterelles, les épizooties et l'inexorable avancée du désert.

Cependant la wilaya dispose comme je l'ai dit d'un atout significatif à savoir le dynamisme notoire de ses ressortissants et leur savoir-faire dans le domaine des affaires ; tout comme elle bénéficie des efforts soutenus déployés par l'État pour jeter et consolider les bases d'un développement régional intégré. Dans ce cadre il y a eu la construction de nouvelles routes, la dotation en eau et en électricité des communautés urbaines et rurales et la promotion de petits projets sociaux pour contribuer à l'allégement de la pauvreté ; sans parler de l'action menée pour l'éradication de l'illettrisme. Dans cet ordre d'idées je précise que le taux de scolarisation dans la wilaya a déjà atteint 90%.

Avant de finir mon propos et de permettre à ceux d'entre vous qui ont des observations ou des questions d'intervenir, je voudrais juste ajouter que la présence au Tagant de la cité ancienne de Tichit d'une part et de la tombe d'Aboubaker Ben Amar, leader du mouvement Almoravide et celle du grand saint Sidi Abdoullah Ould El Haj Brahim d'autre part en plus d'une grande variété de beaux paysages tout cela confère à la wilaya une vocation touristique qui peut être développée et mise à profit.

Voilà, mes amis ce que j'avais à vous dire au sujet de ma wilaya et excusez du peu ! Je vous remercie de votre attention et je me félicite de constater que je ne vous ai pas fait dormir assis ! »

Najib intervint alors pour remercier Isselmou et pour dire que la parole était à celle ou celui qui voulait la prendre et le débat de s'instaurer :

« Tu as dit que l'avancée du désert d'une part et les pandémies qui touchent hommes et animaux d'autre part constituent des hypothèques qui pèsent sur la wilaya. Qu'est-ce qui est fait en vue de lever ces hypothèques ?

- Autant que je sache, il y a des campagnes de vaccinations périodiques pour juguler les endémies et améliorer la santé humaine et animale. Des actions ponctuelles sont également entreprises pour ralentir le processus de désertification à travers la stabilisation des dunes et la reforestation.

-Tu as dit que le taux de scolarisation au niveau de la wilaya est de 90%, as-tu une idée du pourcentage des filles par rapport à l'effectif global ? ».

- Oui, je crois avoir vu dans un journal que le pourcentage des filles scolarisées par rapport aux garçons est de 44%.

Combien ya-t-il d'organisations non-gouvernementales opérants dans la wilaya ?

- Je pense qu'il y en a au moins une dizaine dont la plus en vue est appelée World Vision .

-Est-ce vrai que la faune sauvage a été exterminée au Tagant du fait d'une chasse débridée ?

- Je n'irais pas jusqu'à cette extrémité, je dirais néanmoins que si l'activité de chasse était mieux réglementée tant au Tagant d'ailleurs que dans les autres wilayas, l'existence de la faune sauvage dans la wilaya et dans le pays tout entier ne serait pas aussi menacée qu'elle l'est maintenant. »

Cette réponse mit fin au débat suscité par l'exposé sur le Tagant. Najib remercia Isselmou, le fit applaudir, rappela la date de la rencontre suivante et leva la séance.

Diagana présente le Guidimakha

La séance suivante fut tenue le 30 novembre 2000 à 17 heures 40 au même endroit ; l'orateur était un robuste adolescent de 16 ans au teint noir appelé Diagana. Il avait un visage rugueux et un nez aplati. Ses rares cheveux crépus ressemblaient à des grains de poivre dispersés. Il était réservé et timide. Quand il fut invité à prendre la parole, il dit après une quinte de toux étouffée.

« Je vous salue bien, Mademoiselle, Messieurs. Je me présente, je m'appelle Diagana et je suis né à Diaguili que vous devez tous connaître, je suppose. Je sais que vous n'ignorez pas où se situe le Guidimakha mais il ne sera pas inutile de vous fournir des indications précises sur la position géographique de cette wilaya.

Le Guidimakha est situé dans la vallée du Fleuve Sénégal. Il est limité par le Gorgol et l'Assaba au nord-est et au nord-ouest et par la République du Sénégal et la République du Mali au sud-ouest et au sud-est respectivement. Sa capitale régionale est

Sélibaby et ses principales villes sont : Wampu, Gouraye, Khabou, Ould Yengé, et Diaguily.

En raison de l'important taux de précipitations qu'elle reçoit chaque année, la wilaya a une végétation fournie et une vocation agro-sylvio-pastorale prononcée. En effet en raison de l'abondance relative des pluies, de la disponibilité de l'eau et de la fertilité des sols, l'agriculture a toujours été l'une des activités les plus importantes des populations de la région tant et si bien que la wilaya était à un moment donné considérée comme le grenier du pays.

L'agriculture traditionnelle ou « Dieri » permet de cultiver le millet, le sorgho, le maïs, le niébé, l'arachide... tandis que l'agriculture moderne qui adopte de nouvelles techniques culturales et utilise des outils sophistiqués permet, elle, de cultiver le riz et même le coton. Les cultures maraîchères sont pratiquées quant à elles grâce à l'irrigation. L'existence des espaces particulièrement herbeux favorise l'élevage, les populations s'adonnent aussi à la pêche fluviale, à la cueillette de fruits sauvages, à l'artisanat et au petit commerce.

Le Guidimakha a une ressource d'appoint significative, à savoir les transferts qui parviennent régulièrement aux différents villages et hameaux de la wilaya. Si on ajoute à tout cela les diverses actions menées par l'État en vue de la promotion socio-économique du Guidimakha, on se fait une idée assez précise des atouts et ressources de la wilaya.

Je ne serais pas exhaustif si j'omettais de mentionner que le Guidimakha fait face lui aussi à un certain nombre de handicaps dont les plus gênants sont les problèmes de santé humaine et animale, les calamités naturelles épisodiques et les pratiques sociales nuisibles du genre de celles que les camarades avaient déjà mentionnées dans leurs exposés.

Voilà chers camarades ce que je me propose de vous dire au sujet de ma wilaya et je m'arrête là pour faire place aux discussions ».

Après avoir remercié Diagana et loué la qualité de son travail, Nejib invita l'auditoire à commencer le débat. Plusieurs questions furent posées à Diagana dont les suivantes :

« Tu as dit que les transferts effectués à partir de l'Europe par les émigrés de Guidimakha représentent une importante ressource de la wilaya. Peux-tu nous dire comment ces transferts contribuent-ils au développement des communautés locales ?

-Les émigrants originaires des différents villages du Guidimakha transfèrent des fonds à leurs villes et villages respectifs, ces fonds sont utilisés pour la construction des écoles, des dispensaires, des mosquées… pour alimenter des caisses de solidarité en vue d'aider ceux qui ont besoin d'une aide circonstancielle.

-Quels sont les principaux problèmes de santé qui se posent au Guidimakha ? Et comment y fait-on face ?

-En fait les problèmes de santé auxquels le Guidimakha est confronté sont similaires à ceux que connaissent les wilayas voisines, en l'occurrence les maladies diarrhéiques, les affections cutanées, les maladies de reproduction, les MST etc. Quant aux efforts déployés pour y faire face, ils consistent en des campagnes répétitives de vaccinations et construction d'un nombre croissant de dispensaires et de postes ruraux de santé. En dépit de leur importance ces efforts ne semblent pas être suffisants pour éradiquer ces problèmes sanitaires.

- Qu'en est-il de l'étendue de l'excision de fillettes, des mariages précoces, de la polygamie et des autres formes de maltraitance de la gente féminine au niveau de la wilaya ? Ces sévices contre les femmes, puisqu'il s'agit de cela, se perpétuent-ils toujours ou sont-ils en régression ?

-Ces épreuves subies par les femmes ne régressent malheureusement pas, ils y a néanmoins la nécessité d'y remédier et à terme d'y mettre fin. La généralisation de la scolarisation et la conscientisation des femmes contribueront sans nul doute à faire disparaître ces pratiques anachroniques pour de bon. »

Quand Diagana finit de répondre aux questions posées, il eut droit à un applaudissement et d'autres marques d'appréciation de la part de l'audience.

Là-dessus Najib clôtura la séance après avoir précisé la date du rassemblement à venir.

Souleimane présente le Trarza

Jeudi 30 novembre 2000, les élèves se retrouvèrent à nouveau au même endroit. Quand tout le monde s'était installé, Najib appela l'élève qui devait parler de sa wilaya. Il s'appelait Souleimane et était de la wilaya du Trarza. Il était un adolescent au teint clair, frêle, de taille haute et légèrement courbé ; son regard perçant dénotait une intelligence vive.

Souleimane fit face à l'assistance, la dévisagea quelques instants, puis commença son exposé en ces termes.

« Je vous salue tous mesdemoiselles et messieurs, je vais moi aussi me présenter. Je m'appelle Souleimane et je suis né à Boutilimit voici 16 ans de cela. Je suis là cet après-midi pour vous dire quelques mots sur ma wilaya, le Trarza. Si je fais des omissions significatives je vous saurai gré de me compléter.

Je vais commencer à situer géographiquement la wilaya. Le Trarza est limité au nord par l'Inchiri et l'Adrar, à l'est par le

Brakna et au sud par le Sénégal. La capitale régionale du Trarza et Rosso et ses villes principales sont : Merderdra, Boutilimit, Rkiz et Tiguent.

Je considère que la quantité des pluies qui tombent annuellement, la fertilité de ces terres et la présence du fleuve Sénégal d'une part et la proximité des villages mauritaniens, des villages sénégalais leur faisant face sur l'autre rive du fleuve d'autre part, sont les facteurs qui ont dans une large mesure déterminé le mode de vie dans la wilaya.

La wilaya de Trarza a, elle aussi, une vocation sylvio-agro-pastorale prononcée du fait de ses vastes pâturages herbeux boisés, de ses larges étendues de terres arables riches et frétilles et du fait aussi de l'abondance de l'eau et de sa bonne répartition.

On a au Trarza, comme dans les autres wilayas de la région du fleuve Sénégal, deux modes d'agriculture coexistant côte à côte, un mode traditionnel basé sur l'usage des techniques agraires ancestrales consistant à pratiquer les cultures sous pluies et de décrues et un mode moderne basé sur l'irrigation et l'usage d'outils plus sophistiqués consistant à pratiquer des cultures plus intensives sur des espaces de plus en plus vastes.

Le secteur agricole moderne vise une production à grande échelle pour fournir les matières premières à une agro-industrie nationale et pour exporter vers les marchés extérieurs.

Grace à l'irrigation systématique et aux aménagements continus de périmètres, ce secteur permet une production intensive du riz, de légumes et des fruits, tant pour la consommation intérieure que pour l'exportation à l'étranger.

Le fleuve Sénégal permet par ailleurs à une frange de la population de s'adonner à la pêche fluviale tout comme il permet des échanges fructueux entre les populations de la wilaya et les populations voisines sénégalaises.

Il va sans dire qu'à l'instar des wilayas voisines, le trarza connaît lui aussi des aléas sanitaires, des impondérables naturels et des pratiques socioculturelles néfastes. Mais les populations tendent de plus en plus à s'organiser en coopératives, en associations et en organisations non gouvernementales pour mieux triompher de ces défis.

Ces efforts d'autoassistance sont étayés par une stratégie multiforme de promotion socioéconomique des populations locales.

Voila ce que, très schématiquement, je puis vous dire sur ma wilaya. Je vous remercie de votre patience et je me tiens à votre disposition pour répondre aux questions que vous souhaiterez me poser là-dessus. »

Najib remercia Souleimane pour son exposé et ouvrit le débat. Souleïmane avait eu à répondre à une foule de questions, dont les suivantes :

« Tu as évoqué l'introduction de nouvelles méthodes agraires qui ont conduit à la naissance et à l'essor d'un secteur agricole moderne. A-t-on, au niveau de la wilaya, commencé à pratiquer un l'élevage intensif à travers la création d'un système de ranch moderne à même de fournir le lait, la viande, les peaux d'animaux… au marché national et au marché international ?

-À ma connaissance, les grands ranchs ayant des objectifs comparables à ceux que tu as évoqués ne sont pas encore nombreux mais ils commencent à apparaître çà et là au niveau de la wilaya et, à mon avis, le développement à grande échelle de ce genre d'activités n'est désormais qu'une question de temps.

-Nous savons qu'une frange de la population de la wilaya partage des croyances spirituelles avec des communautés religieuses sénégalaises. Cet état de fait a-t-il un impact significatif sur la wilaya ?

-Oui je crois qu'il y en a, en ce sens qu'il favorise le mouvement des gens entre la wilaya et le Sénégal et facilite par la même occasion toutes les formes d'échanges fructueux entre les communautés voisines mauritanienne et sénégalaise.

- Est-il vrai que l'avancée du désert au niveau du Trarza est si grande que les dunes commencent à s'installer sur les rives du fleuve côté mauritanien ?

- Le progrès du désert en direction du fleuve Sénégal et fulgurant !! La ville de Rosso est déjà envahie par les dunes mouvantes. C'est effrayant j'estime que des mesures drastiques doivent être prisent pour endiguer cette avancée terrible du désert qui s'effectue a vive allure et qui menace de tout ensevelir au passage. »

Sur ce, l'exposé de Souleïmane et le débat qu'il avait suscité prirent fait ; Najib, qui se tenait à ces côtés le remercia à nouveau pour le travail accompli et le fit applaudir par ses camarades qui quittèrent les lieux sitôt la séance clôturée.

Bilal présente le Brakna

Jeudi 14 décembre 2000, à l'heure arrêtée, Najib ouvrit la séance et convia un garçon nommé Bilal à parler à ses camarades de sa wilaya, le Brakna.

Bilal était un garçon de 16 ans jovial et solide. Il avait une mise quelque peu négligée et une chevelure plutôt hirsute ; mais il avait un regard sympathique et un sourire lumineux, ce qui lui donnait un air avenant.

Il avança sans précipitation le regard légèrement baissé et se tint debout devant ses camarades assis à même le sol, s'efforçant manifestement de surmonter le trac qui le faisait trémousser. Il prit finalement son courage à deux mains et dit :

« Bonjour tout le monde ! Mon nom, c'est Bilal, je suis né en 1985 à Boghé ; je suis là cet après-midi pour vous entretenir de la wilaya dont je suis originaire, le Brakna. Mon intervention ne sera pas une conférence longue et détaillée elle consistera plutôt en un ensemble d'informations succinct ayant trait aux divers aspects de la vie de la wilaya.

Pour commencer, je vais vous fixer sur la carte nationale. Le Brakna est limité au nord est par le Trarza au sud-est par le Gorgol et au sud-ouest par le Sénégal. Sa capitale régionale est Aleg et ses principales villes sont : Boghé, Magtaa-Lahjar et Male.

En ce qui concerne l'économie de la wilaya, on peut dire qu'elle repose essentiellement sur l'élevage et l'agriculture.

En effet, les vastes espaces herbeux et boisés permettent l'élevage des ovins, des bovins et des caprins. L'existence des terres arables, les quantités annuelles de pluies que reçoit la wilaya et la présence du fleuve Sénégal et de ses affluents permettent des activités agricoles significatives.

Donc l'élevage, l'agriculture, la cueillette des fruits sauvages, la pêche fluviale, l'artisanat local et le petit commerce informel constituent l'essentiel des activités génératrices de revenus pour toutes les couches de la population du Brakna.

De plus divers échanges fructueux sont effectués sur les deux rives du fleuve entre les habitants de la wilaya et leur voisin sénégalais au bénéfice des un et des autres.

Les populations font de leur mieux pour améliorer leur sort à travers notamment la construction de digues de retenue d'eau, la mise en place de pare-feux et le forage de puits. Ces efforts sont étayés par les pouvoirs publics et les partenaires au développement désireux de contribuer à faire reculer la pauvreté dans la région.

Toutefois, en dépit de tous ces efforts, des obstacles similaires à ceux existant dans les autres wilayas entravent encore dans une large mesure la marche vers le progrès socioéconomique plus grand au Brakna.

Voila ce que j'ai à vous dire sur ma wilaya pour l'instant et je me tiens à votre disposition pour les questions que vous voudriez me poser la concernant. »

Après avoir fait l'éloge de l'exposé présenté par Bilal et après l'avoir remercié pour l'effort accompli, Najib demanda à ceux qui voulaient intervenir de se manifester.

Après que des compléments d'informations sur divers aspects de la vie dans la wilaya fussent donnés par l'assistance, plusieurs questions furent posées entre autres :

« Est-ce vrai que l'activité de charbonnage au Brakna est si intense qu'elle risque à brève échéance, de provoquer un déboisement aux retombées désastreuses sur l'environnement dans la wilaya ?

- Si l'on doit juger par le nombre de camions chargés de charbon que l'on voit circuler touts les jours, force est de dire que cette activité bat son plein. A quel point elle est suivie et réglementée par les autorités locales, je ne saurais vous le dire ! Je ne suis même pas sûr que les populations de la wilaya réalisent le danger que cette activité fait courir à leur environnement naturel.

Un grand travail de sensibilisation est absolument nécessaire pour amener les gens à prendre la mesure du danger qui guette leur cadre d'existence », répondit Bilal avec véhémence.

« J'ai entendu dire que la mortalité infantile est encore forte au Brakna ; qu'est-ce est fait en faveur de la mère et de l'enfant au niveau de la wilaya ?

-En fait, grâce aux campagnes de vaccinations répétitives et à la mise en place dans la plupart des localités de la wilaya, de centres

médicaux, de postes de santé et de dispensaires, la santé reproductive semble elle aussi connaître une nette amélioration.
-Et les campagnes de lutte contre l'analphabétisme, ont-elles un impact réel sur les populations ?

-Ce que je peux vous dire, c'est qu'elles battent leur plein. S'agissant de leurs résultats, je pense qu'il ne peut qu'être positif. Il faut être optimiste dans la vie. »

Ceci étant la réponse à la dernière question posée par l'assistance, Najib complimenta Bilal à nouveau, le fit applaudir et leva la séance.

Marième présente Hodh El Gharbi

Le sixième rassemblement fut tenu jeudi 28 décembre 2000 à 17 h30 à l'endroit habituel ; Najib enjoignit à ses camarades qui traînaient ça et là de s'asseoir pour que l'exposé puisse commencer. L'intervenant, cette fois-ci était une jeune fille de 15 ans appelée Marième, elle devait présenter sa wilaya, Hodh El Gharbi.

Quant Najib invita Marième à commencer son exposé, elle prit rapidement congé des camarades avec lesquels elle devisait et avança pour faire face à l'assistance.

Marième était courtaude et assez dodue. Son visage blanc, aux traits réguliers, était entouré d'une abondante chevelure noire qui descendait le long de ses épaules délicates. Après un léger et coquet mouvement latéral de la tête pour ramener en arrière une mèche de cheveux qui pendait sur son front et après avoir ajusté son voile sur la tête, Marième commença son propos en ces termes : « Chers camarades, bonsoir ! Je suis heureuse d'avoir à vous entretenir cet après-midi du Hodh El Gharbi. Mais auparavant je voudrais moi aussi me présenter bien que je ne vous sois pas inconnue. Je m'appelle Marième, j'ai 15 ans et je suis née à Koubeni. »

La wilaya du Hodh El Gharbi, à laquelle nous nous intéressons aujourd'hui, s'étend sur 54 000 km² et est limitée à l'ouest par l'Assaba, au nord par le Tagant, à l'est par le Hodh Echarghi et au sud par le Mali. Sa capitale régionale est Aioun. Ses principales villes sont : Tintane, Koubeni et Tamchekett. La population totale de la wilaya se situe autour de 200 000 habitants.

Son économie est déterminée par les facteurs climatiques qui y prévalent et la configuration géographique qui est la sienne. En effet, le volume annuel des précipitations, l'étendue des pâturages et la surface des périmètres cultivables confèrent à la wilaya sa vocation agro-pastorale. Cependant aussi bien l'agriculture que l'élevage demeurent traditionnels dans la mesure où ils sont encore fondamentalement fondés sur les techniques et les méthodes ancestrales.

L'agriculture et l'élevage extensif pratiqués dans la wilaya permettent de produire les mêmes variétés de céréales et d'élever les mêmes espèces d'animaux que les wilayas environnantes. Je dois indiquer que cet état des choses n'est pas appelé à se perpétuer car des efforts appréciables sont déployés pour promouvoir et moderniser toujours plus les activités agro-pastorales dans la wilaya grâce notamment à une coopération multiforme conduite par le gouvernement allemand à travers un organisme appelé GTZ.

Une telle coopération vise à moderniser le secteur agro-pastoral au Hodh El Ghabi. C'est pourquoi on ne doit pas exclure de voir apparaître, dans un proche avenir, au niveau de la wilaya, une agriculture intensive orientée vers l'exportation ainsi qu'un élevage moderne basé sur le système de ranchs visant à alimenter des industries agro-alimentaires et animales implantées tant à l'intérieur qu'à l'extérieur de la wilaya.

Un autre aspect de l'économie du Hodh El Gharbi consiste dans les échanges divers avec la région limitrophe de la République du Mali.

Il existe en effet d'intenses mouvements de personnes et de biens tout le long de l'année entre la wilaya et les zones maliennes contiguës. Un autre atout de la wilaya réside dans les ressources humaines considérables dont elle dispose.

Par ailleurs la fourniture d'eau et d'électricité aux communautés rurales, la mise en place des infrastructures de base telles que les routes, les écoles, les centres de santé ect. ont encouragé ces communautés à opter définitivement pour un mode de vie sédentaire plus propice aux impératifs du développement socio-économique que le nomadisme et la vie d'errance qu'il implique.

Toutefois, en dépit de ses ressources appréciables, Hodh El Gharbi fait face à un certain nombre de difficultés et de problèmes dus tant à la force de la nature qu'à certains agissements des populations elles-mêmes du genre de ceux déjà évoqués par les camarades qui m'ont précédée.

Voilà en gros ce que je suis en mesure de vous dire sur ma wilaya et je m'arrête là pour permettre au débat de s'instaurer. Je vous remercie de m'avoir écoutée et vous cède la parole.

Najib s'avança vers Marième, se tint à ses côtés, fit l'éloge de la qualité de son travail et ouvrit le débat :

« Tu as fait allusion tantôt aux ressources humaines relativement importantes dont dispose la wilaya et que tu considères comme l'un de ses atouts particuliers.

Comment réagirais-tu à ceux qui diraient que bon nombre de gens chez vous ne sont pas particulièrement laborieux ?

-Vous savez la tendance à la paresse et la préférence de la passivité à l'effort et à l'endurance ne sont pas des caractéristiques spécifiques à nos gens. Ce sont au contraire des défauts que l'on trouve chez certains segments de nos populations partout dans le pays ou presque. Le labeur, la persévérance, l'assiduité et l'habitude de compter sur soi, sont des qualités qui demeurent encore à cultiver davantage chez nous.

-Peux-tu nous dire un mot sur l'ampleur du phénomène de répudiation de la femme dans la wilaya et son impact sur la stabilité de la famille et le bien-être des enfants ?

-La répudiation de la femme, comme tu l'as appelée ou le divorce expéditif comme d'autres le désigneraient, est une plaie sociale qui afflige le Hodh El Gharbi dans les mêmes proportions que les autres wilayas du pays.

À cet égard, si je suis en peine de vous dire à qui, en définitive incombe la responsabilité de cette pratique néfaste, je suis en revanche absolument sûre de ses effets dévastateurs sur les membres du ménage qu'elle affecte. Il va sans dire que les principales victimes de cet agissement, souvent irréfléchi, sont les enfants qui sont psychologiquement perturbés et émotionnellement affectés par l'effondrement subit de leur cadre familial ; sans parler des privations et des difficultés de tous ordres auxquelles ils se trouvent du jour au lendemain confrontés. Je suis heureuse de savoir qu'il y aura très bientôt une loi qui va codifier le divorce et réglementer le comportement des couples qui y ont recours et ce dans l'intérêt bien compris des enfants qui ont jusqu'ici fait les frais des sautes d'humeur de leurs géniteurs.

- Quelle est l'étendue du phénomène de l'exode rural au niveau du Hodh El Gharbi ?

- Comme dans toutes les wilayas du pays, la plupart des jeunes gens du Hodh El Gharbi tendent à fuir les zones rurales pour aller dans les grands centres urbains du pays où ils estiment avoir de meilleures chances de trouver du travail et donc d'améliorer leurs conditions d'existence. Mais l'électrification de certaines villes de la wilaya et la mise en place de certains projets sociaux pour l'insertion économique des jeunes semblent ralentir quelque peu ce phénomène. »

Quand les élèves eurent posé les questions qu'ils souhaitaient poser, la séance prit fin, après que l'assistance eut exprimé son appréciation de la prestation de Marième à travers un applaudissement nourri.

Moulaye présente Hodh Echargui

Jeudi 11 janvier 2001, à 17 heures 30, les élèves avaient pris déjà leur place et attendaient que le nouvel orateur fasse son apparition. Najib demanda à ses camarades quelque peu agités de garder le calme en attendant l'arrivée de l'orateur qui était en retard.

Quelques instants après, celui-ci surgit un peu essoufflé et s'excusa de son retard. Quand il eut repris son souffle, Najib l'invita à s'avancer pour faire face à l'assistance et dit : « Camarades, aujourd'hui c'est le tour de notre ami Moulay de nous parler de sa wilaya, Hodh Echargui. Veuillez l'écouter s'il vous plaît ! Vas-y Moulaye. »

Moulaye, qui remercia Najib d'un hochement de tête amical, était un garçon de 16 ans, plutôt maigre. Il avait un teint très basané et une chevelure couleur de rouille dont des mèches bouclées pendaient sur son front étroit alors que ses oreilles et sa nuque étaient dégagées.

Il avait de petits yeux en forme d'amande et une large bouche aux lèvres très minces. Après s'être à nouveau excusé de son retard, il dit avec un léger bégaiement :

« Chers camarades je vous salue tous ; et j'ai le plaisir, cet après-midi, de vous parler de ma wilaya, Hodh Echargui. Je commence d'abord par vous la situer.

Elle est limitée au nord et au nord-ouest par l'Adrar et l'Assaba, au sud-ouest par Hodh El Gharbi, à l'est et au sud-est par la République du Mali. Sa capitale régionale est Néma et ses principales villes sont : Timbédra, qui se trouve être ma ville natale, Bassiknou, Amourj et Walata.

L'on peut dire que la wilaya comporte deux parties distinctes. La partie nord qui est sèche, aride et inhospitalière et la partie sud plus humide, plus boisée et donc plus propice à l'élevage et, dans une moindre mesure, à l'agriculture.

Le mode de vie dominant à la wilaya demeure le nomadisme. La plupart des populations vivent encore dans des campements mobiles. Quant aux centres urbains, ils sont rares, enclavés et sous-peuplés.

Du fait de la contiguïté avec le Mali et en raison de nombreuses affinités entre les populations du terroir et les populations maliennes avoisinantes, de nombreux échanges se déroulent au niveau des contrées frontalières.

De plus, les éleveurs de notre wilaya traversent les frontières maliennes avec leurs troupeaux chaque fois que les pâturages de la wilaya s'épuisent. En conséquence, nombreux sont les ressortissants du Hodh Echargui qui s'établissement au Mali pour des durées plus ou moins longues soit comme bergers des troupeaux transhumants, soit comme marchands de bétail ou comme boutiquiers détaillants dans les villes et villages maliens.

Avant de finir mon propos pour laisser place aux discussions, je dois indiquer que la wilaya est confrontée, elle aussi, à un ensemble de problèmes qui entravent sa marche vers le progrès et freinent son essor, il s'agit de la rareté de l'eau et de l'avancée galopante du désert.

Il s'agit également de la pauvreté et des mauvaises conditions sanitaires favorisées par le mode de vie nomade et par l'enclavement et ce malgré les efforts des pouvoirs publics et de certaines organisations non gouvernementales pour améliorer les conditions de vie et la situation sanitaire des populations rurales de la wilaya. Voilà les indications que je voulais vous fournir sur ma wilaya. Pour être sommaires, ces indications n'en constituent pas moins, je pense, un cadre de discussion utile. Je cède donc la parole à ceux qui veulent apporter des compléments d'informations ou des précisions. » Là-dessus, les questions suivantes furent posées à Moulaye :

« Tu as mentionné les échanges intenses entre ta wilaya et les régions limitrophes maliennes. Peux-tu nous spécifier ce que les populations de la wilaya vendent au Mali et ce qu'elles y achètent ?

- Elles y vendent essentiellement le bétail sur pied, le sel et parfois le thé vert et elles y achètent les céréales, le miel et des tissus de diverses factures ».

- Dis-moi est-ce qu'il y a la sécurité sur les frontières avec le Mali, maintenant que la rébellion des Touaregs est terminée ? Et puis est-ce que les camps de réfugiés maliens qui étaient installés dans certaines régions du Hodh Echargui y sont toujours ?

- Je pense que la sécurité le long des frontières préoccupe les Mauritaniens et les Maliens, c'est pourquoi il y a étroite coopération pour la sécurisation des régions frontalières. Quant aux camps de réfugiés maliens, il n'y en a plus ou s'il y en a, ils sont moins visibles que par le passé.

- Est-ce vrai que dans certaines contrées de votre wilaya, les jeunes filles sont soumises au gavage et sont données en mariage à un âge précoce et contre leur gré ?

- Vous savez, le gavage de jeunes filles est une tradition très enracinée chez les nomades car ils considèrent l'embonpoint comme un critère esthétique essentiel de la beauté féminine tandis que la maigreur est considérée comme absolument disgracieuse pour la gente féminine et infamante pour leurs familles. De plus, la corpulence est liée à l'abondance et à la générosité tandis que la maigreur est associée avec la pénurie et l'avarice. Voilà pourquoi, je pense que cette pratique inhérente à une mentalité, elle-même liée à un mode de vie précis, persistera, je crois, tant que ce mode de vie demeure. C'est-à-dire que cette pratique ne disparaîtra pas du jour au lendemain. Cependant, elle finira avec le temps, l'éducation aidant, par tomber en désuétude ».

- Dis-moi Moulaye, quelle est la nourriture de base dans ta wilaya ?

- À un moment donné c'était une bouillie appelée « El Aich » et parfois le couscous, mais à présent la consommation du riz et du pain est entrée dans les mœurs. Je dois dire, dans cet ordre d'idées, que Oualata est l'une de nos villes qui a une cuisine très riche et variée.

-Est-il vrai qu'à Oualata on consomme énormément de piment ? Y compris dans les boissons ?

- C'est ce que l'on dit », répondit Moulaye avec un sourire malicieux.

Cette réponse mit fin à la causerie centrée sur Hodh Echargui. Avant de lever la séance, Najib renouvela ses compliments à Moulaye, qui fut applaudi par ses camarades avant qu'ils quittent les lieux pour rentrer chez eux alors que le soleil disparaissait de l'horizon.

Houria présente l'Inchiri

Le septième rassemblement eut lieu jeudi 25 janvier 2001, à 17 heures précises, l'élève conviée par Najib pour présenter son exposé fut une jeune fille nommée Houria. Elle s'avança sans hésitation manifestement pleine d'entrain pour débuter sa causerie. C'était une charmante jeune fille de taille moyenne avec de grands yeux noirs et une petite bouche aux lèvres en forme de cœur. Sans perdre de temps, Houria commença son exposé ainsi : « Bonsoir tout le monde, mon nom c'est Houria, je suis d'Akjoujt où je suis née, il y a 16 ans. Il m'est agréable d'avoir, cet après-midi, à vous entretenir sur la wilaya d'inchiri. Cette wilaya est comme vous le savez sans doute limitée au Nord et au nord-ouest par Dakhlet Nouadhibou, à l'est par l'Adrar et au sud par le Trarza.

Sa capacité régionale est Akjoujt, il y a dans la wilaya des petits villages en cours de constitution tels que Benechab, Tamagout et autres. L'Inchiri est défavorisé en termes de précipitations ; la wilaya est par conséquent sèche et chaude. La végétation y est rare et éparse. L'eau est tout aussi rare et son exhaure est difficile. En conséquence, les activités agricoles sont marginales et l'élevage est limité et sélectif puisque seuls les camelins et, dans une moindre mesure, les caprins et les ovins peuvent être élevés dans la région.

Les principales ressources de la wilaya sont les gisements de minerais que le sous-sol recèle et dont certains ont déjà été mis en exploitation tandis que d'autres font encore l'objet de prospection.

Ainsi l'exploitation du gisement du minerai de cuivre de Guelb Mougreine, près d'Akjoujt a commencé depuis plusieurs années. Le raffinement de ce minerai a permis l'obtention de concentré de cuivre et même d'or.

Il n'y a pas longtemps, un accord a été signé avec une compagnie australienne, je crois, pour l'exploitation d'un gisement de minerai brut estimé, je pense, à 23 millions de tonnes dont on pensait pouvoir extraire 200 tonnes de cobalt et 29 tonnes d'or.

La mise en valeur de ce gisement était censée avoir des retombées positives sur tous les aspects de la vie de la wilaya. Elle devait permettre notamment l'introduction de l'électricité, la mise en place d'un bon réseau de communication et surtout l'augmentation du potentiel d'eau dans l'Inchiri ; ce qui aurait pu avoir des incidences sur l'élevage et l'agriculture, mais d'après ce que j'ai entendu dire, cette compagnie a, pour des raisons que j'ignore, cessé ses activités dans la région.

Dans cet ordre d'idées, je précise que d'autres compagnies étrangères sont en train de prospecter pour l'or, le diamant et le cobalt dans d'autres contrées de la wilaya et il semble qu'elles aient mis en évidence des indices très encourageants.

Il faut dire néanmoins que la wilaya fait face à de sérieux handicaps susceptibles de gêner, là aussi, son élan vers le développement si des palliatifs appropriés ne lui sont pas trouvés. Parmi ces handicaps, il y a le manque d'eau, l'avancée continue du désert et le rétrécissement des pâturages, voire de l'espace vital, qui en résulte et en fin le sous-peuplement. Ces facteurs sont de nature à diminuer la portée du dynamisme réel des populations locales et des efforts déployés par les pouvoirs publics pour impulser le développement économique et social au niveau de la wilaya.

Voilà mesdemoiselles, messieurs, ce qui m'est venu à l'esprit maintenant en rapport avec la situation actuelle de la wilaya d'Inchiri et je me tiens à votre disposition pour répondre aux questions que vous voudriez poser à cet égard.

Najib remercia Houria pour son exposé et invita l'audience à entamer le débat. Plusieurs précisions furent demandées à l'oratrice et de nombreuses questions lui furent posées, entre autres :

« Quelles mesures, si mesures il y a eues, ont été prises pour remédier à la rareté de l'eau dans la wilaya ?

- Les accords signés entre le gouvernement mauritanien et la compagnie australienne d'exploitation du cuivre d'Akjoujt prévoyaient, semble-t-il, la recherche d'eau dans le wilaya et la construction d'une seconde conduite d'eau entre Benechab et Akjoujt ainsi que plusieurs abreuvoirs pour bétail à travers la wilaya. Mais j'ai ouï-dire que la cessation des activités de cette compagnie avait fait que ces réalisations n'avaient pas pu être accomplies comme convenu. Toutefois des travaux de forage sont menés à divers endroits pour pallier, autant que faire se peut, au manque d'eau dont souffre la wilaya.

-Et qu'est-ce qui est fait pour juguler l'avancée du désert ?

-Autant que je sache, les efforts déployés jusqu'ici laissent à désirer , tandis que le désert avance inexorablement, et l'on ne semble pas vraiment prendre la mesure de l'extrême gravité de la catastrophe qui se déroule sous nos propres yeux. Il est urgent à mon humble avis que des mesures drastiques soient prises pour circonscrire le phénomène avant que les sables mouvants n'engloutissent tout ! Absolument tout ! Et plus vite les mesures adéquates sont prises, mieux c'est !

-Est-ce que les femmes dans la wilaya ont des activités spécifiques génératrices de revenus ?

-Oui, il y a des coopératives agricoles et artisanales féminines.

-Qu'est-ce qui est fait chez vous pour organiser le temps des loisirs au profit de la jeunesse ? Autrement dit, y'a-t-il des activités récréatives pour les jeunes dans les centres urbains ?

-Pour commencer, il faut préciser qu'en dehors d'Akjoujt, il n'y a pas de centres urbains à proprement parler dans la wilaya.

Et pour être tout à fait honnête, je dois dire qu'il n'y a jusqu'ici que très peu d'activités récréatives destinées aux jeunes. En fait, dans toute la wilaya, il n'y a qu'un petit nombre de bibliothèques, assez peu fournies du reste, et un ou peut-être deux petits cybercafés à Akjoujt. Il y a cependant grand espoir qu'avec l'intérêt que portent les pouvoirs publics au développement du savoir, les choses changeront dans le bon sens. »

Quand toutes les remarques sur le contenu de l'exposé eurent été faites et quand il eut répondu à toutes les questions posées, Najib félicita Houria pour la qualité de son travail, demanda à l'auditoire de l'applaudir fort, puis il leva la séance.

Guejmoul présenteTiris-Zemour

Jeudi 8 février 2001 était la date arrêtée pour la rencontre suivante qui eut lieu à 17 h 15. L'orateur introduit cette fois-ci par Najib était un garçon du nom de Guejmoul. Il devait parler de sa wilaya, Tiris-Zemour.

Guejmoul qui s'inclina légèrement devant l'assistance pour la saluer était un adolescent de 16 ans, un peu trapu. Il avait le teint blanc, un visage avenant avec un nez droit et un large front sur lequel tombait une chevelure abondante.

Souriant et détendu, Guejmoul se plaça au milieu du cercle que formait son auditoire et commença sa causerie ainsi :

« Bonsoir à vous tous ! Je suis heureux d'avoir cet après-midi pour vous dire quelques mots sur Tiris-Zemour.

Auparavant, je me présente, comme tout le monde l'a fait. Je suis Guejmoul, j'ai 16 ans et je suis né à Birmougreine. Tiris-Zemour, l'objet de mon exposé, est la présentation de ma wilaya, Tiris Zemour, qui est, comme vous le savez sans doute, limitée au nord et au nord-ouest par le Sahara occidental et l'Algérie, au sud par l'Adrar et à l'ouest par la République du Mali. Sa capitale régionale est Zouerate et ses principales villes sont : F'Dérik, Birmougreine et Ain Bentilli.

En raison de sa latitude, la wilaya connaît de grandes variations thermiques elle a un été chaud et sec et un hiver très froid et parfois humide. Les précipitations y sont irrégulières et erratiques mais quand elles surviennent la wilaya se transforme en prairies verdoyantes et fleuries d'une beauté saisissante !

C'est pourquoi en dépit de la rareté des pluies qu'elle reçoit, la wilaya a quand même une vocation pastorale, mais elle convient surtout aux Camelins. Outre les ressources animales, Tiris-Zemour a également des ressources minérales. Il y a en effet des gisements de fer abondants à Kediet Ejjil, algallaba, Mehaoudat et leurs environs.

Ce minerai est exploité et exporté à l'étranger depuis des décennies. Son extraction, son transport de Zoueirate à Nouadhibou et son exportation vers l'Europe sont effectués par la puissante compagnie minière et industrielle nationale, SNIM-sem basée à Zouerate.

Cette compagnie a un grand impact en termes d'emplois et de développement socioéconomique non seulement sur Tiris-Zemour mais sur le pays tout entier.

Comme les autres wilayas du pays, Tiris-Zemour, elle aussi, des difficultés dont les plus dommageables sont : la rareté de l'eau, le sous-peuplement et l'éloignement géographique des principaux centres urbains du pays.

Cependant la contiguïté au Maroc, à l'Algérie et au Mali est un facteur qui favorise les échanges multiformes entre Tiris-Zemous et ces pays limitrophes. Ces échanges ont des retombées positives sur toute la wilaya.

Voilà mesdemoiselles et messieurs ce que j'ai à vous dire sur Tiris-Zemour. Je vous remercie pour votre attention et vous cède la parole pour vos commentaires et vos questions éventuelles. »

Najib exprima son appréciation pour la prestation de Guejmoul, et l'échange entre celui-ci et l'auditoire commença :

« Les difficultés que connaît la wilaya et auxquelles tu as fait allusion ne font pas mention des problèmes de santé ; est-ce un oubli de ta part ou est-ce à dire que la wilaya n'a pas de problèmes de santé ?

- En fait il s'agit d'une omission délibérée ; car il n'y a pas dans la wilaya de maladies épidémiques récurrentes. En fait, comme il n'y a pas de zones marécageuses, il n'y a pas de moustiques et donc il n'y a pas de paludisme.

De même, l'absence d'eau stagnante, polluée et malsaine fait qu'il n'y a pas de maladies diarrhéiques chroniques ni de constantes affections cutanées, ni de ver de Guinée... tout ceci tient au fait que le climat de la wilaya de Tiris-Zemour est plus salubre que ceux des autres wilayas du pays, je dis cela sans parti pris !, répondit Guejmoul en souriant.

-En dehors du fer, y a-t-il d'autres minerais dans la wilaya ?

-Il semble bien qu'il y en ait ! Puisque les nombreuses compagnies étrangères qui avaient sollicité et obtenu des permis de recherche pour l'or, le diamant et d'autres métaux précieux dans la wilaya, continuent sans cesse de renouveler ces permis dés qu'ils arrivent à expiration. Ces compagnies n'auraient pas fait cela si elles n'avaient pas de bonnes raisons de le faire, je pense !

-Quel est l'impact de la SNIM sur la vie de la wilaya ?

- Il est très grand ; dans la mesure où d'abord, elle fournit du travail à une large frange de la population provenant de la wilaya et d'ailleurs et ensuite elle fournit l'eau et l'électricité à titre gracieux à pas mal de gens au niveau des cités minières. De plus la SNIM-SEM assure le transport des personnes et des biens, y compris le bétail entre les différentes localités de la région. Elle favorise, enfin, le renouvellement et donc la sédentarisation des nomades à travers la fourniture d'eau et de denrées de premières nécessités à des petits villages qui se sont formés au fil du temps le long de la voie ferrée.

- De quelle manière la SNIM-SEM assure-t-elle le transport des gens dans la wilaya ?

-Elle l'assure grâce au train qui effectue le transport du minerai de fer de Zoueirate à Nouadhibou, et qui est, soit dit en passant, le plus long train du monde, puisqu'il fait 2 km de long. Au cours de ses rotations continuelles, ce train transporte les passagers, les marchandises et le bétail d'une localité à l'autre, créant ainsi un flux d'échange soutenu de personnes et de biens à travers toute la wilaya. »

Quand Guejmoul eut répondu à toutes les questions qui lui avaient été posées, Najib fit l'éloge de l'exposé qu'il avait présenté, le fit applaudir puis clôtura la séance.

Là-dessus les élèves quittèrent les lieux et rentrèrent chez-eux.

Safia présente Dakhlet Nouadhibou

Jeudi 22 février 2001 était le jour « J » pour l'avant-dernière séance qui avait débuté plus tôt qu'à l'accoutumée c'est-à-dire à 16 h. L'oratrice qui devait monter au créneau pour parler de sa wilaya était une jeune fille nommée Safia.

Safia qui se tenait aux côtés de Najib attendant qu'il lui donne le top pour entamer sa causerie était une charmante jeune fille de 16 ans, qui avait un corps mince et élancé, des membres fins et délicats ; elle avait un visage bien modelé et des joues pleines avec des fossettes qui lui donnaient un air poupin. Elle portait des lunettes médicales montées sur un cadre fin et doré.

Quant Najib l'invita à prendre la parole, Safia dit en tirant légèrement son voile sur le front :

« Bonsoir mesdemoiselles et messieurs. Mon nom, c'est Safia, j'ai 16 ans et je suis née à Nouadhibou.

Je suis là aujourd'hui pour vous édifier un petit peu sur ma wilaya, Daklet-Nouadhibou. Je commencerai si vous le voulez bien par la localiser sur la carte nationale. Daklet-Nouadhibou est contiguë à l'Adrar, à l'Inchiri et à l'océan Atlantique. Ses principales localités sont Boulanoir, Inal, Tmeïmichat et Nouemghar ; sa capitale régionale qui est aussi la capitale économique de notre pays est Nouadhibou.

Dans ma wilaya les précipitations sont exceptionnelles. Son climat sec et venteux n'est propice ni pour l'agriculture, ni pour l'élevage. Ce qui fait que la wilaya n'a aucune vocation agro-pastorale.

Mais ses côtes sont traversées par des courants marins particulièrement favorables à la prolifération de toutes les variétés de poissons. C'est pourquoi ces eaux comptent parmi les eaux les plus poissonneuses dans le monde. La faune qui s'y trouve est aussi diversifiée que prisée de par le monde. Ne vous attendez cependant pas à ce que je vous précise les noms des différentes espèces qui constituent cette faune. Tout ce que je puis vous dire c'est que ces espèces sont nombreuses et appréciées partout dans le monde.

Je peux aussi vous dire que le gros des 400 000 tonnes de poissons exportées annuellement dans notre pays provient des côtes de la wilaya où pêchent les 550 navires mauritaniens et étrangers qui composent la flotte engagée dans la pêche industrielle, sans parler de l'essentiel, des 4 000 petites embarcations engagées dans la pêche artisanale à l'échelle nationale.

Le secteur de la pêche, qui constitue un pan appréciable de notre économie nationale, sert de support à un ensemble de moyennes et petites entreprises établies à Nouadhibou.

De plus les captures de poissons sont débarquées dans le port de pêche de Nouadhibou avant d'être exportées à l'étranger. J'ai lu quelque part que les recettes de la vente de poissons représentent une bonne part du revenu national.

Outre les activités de pêche supervisées par la SMCP (Société mauritanienne de commercialisation de produits de pêche), il y a les activités minières pilotées, elles, par la SNIM-SEM et qui consistent non seulement à exporter le minerai de fer à partir du port minéralier de Nouadhibou mais aussi à le transformer localement en produits semi-finis et finis dont le marché national a besoin tel que le fer à béton par exemple.

La wilaya a aussi une vocation touristique en raison de ses belles plages, ses merveilleuses baies, ses innombrables îles et ses splendides sites touristiques naturels tels que le banc d'Arguin, le cap Blanc, la baie des Phoques et les pittoresques villages imraguens.

La wilaya est également une plaque tournante du commerce international car elle constitue une porte d'entrée vers l'Europe du fait de sa proximité géographique avec le Maroc et les îles Canaris.

Le développement des échanges internationaux et du négoce au niveau de Nouadhibou permit la naissance d'une classe d'hommes d'affaires et d'industriels de haut vol qui s'intéressent de près aux marché mondiaux et aux places financières internationales.

L'ouverture économique et socioculturelle de Nouadhibou et sa vocation cosmopolitaine vont certainement être accentuées par la construction de la route qui va bientôt raccorder Daklet-Nouadhibou au Maroc et à travers le Maroc à l'Europe, puis à Nouakchott et via Nouakchott à Dakar et donc à l'Afrique noire tout entière.

S'agissant maintenant des difficultés auxquelles la wilaya fait face, elles résident essentiellement dans la rareté de l'eau potable, la hausse vertigineuse du coût de la vie et surtout la menace de l'épuisement du poisson.

L'espoir est permis que des solutions appropriées seront en temps utiles trouvées à ces obstacles qui sont de nature à briser l'élan de la wilaya vers l'essor économique auquel elle est promise, s'ils ne sont pas levés à temps. Voilà, chers camarades, ce que j'ai à vous dire sur la wilaya de Daklet-Nouadhibou. Maintenant il vous appartient de poser les questions que vous désirez poser concernant cette wilaya et je vous cède la parole pour ce faire. »

Najib loua le caractère exhaustif de l'exposé présenté par Safia, la remercia pour l'effort fourni et invita l'audience à entamer le débat.

« Tu as mentionné les activités dans le domaine des mines et de la pêche, tu as évoqué le commerce, les affaires, le tourisme, etc. Tu n'as pas dit un mot sur l'aspect culturel. Est-ce à dire que l'intérêt pour le savoir et la culture est inexistant dans votre wilaya ?, interrogea un élève.

-Pas du tout. J'ai seulement oublié d'évoquer cet aspect. En fait, il y a actuellement dans la wilaya un regain d'intérêt pour le savoir et la culture, regain qui a été impulsé par la campagne « Savoir pour tous » déclenchée tout dernièrement par les pouvoirs publics. Il s'en est suivi une floraison de bibliothèques, de centres de lecture et de cybercafés. Les efforts déployés à cet égard par les autorités municipales de Nouadhibou sont tout à fait méritoires, répondit Safia.

- Le caractère cosmopolitain de Nouadhibou et le fait qu'il soit une porte ouverte sur l'Europe ne risquent-ils pas de favoriser l'insécurité, le trafic des narcotiques et les activités mafieuses ?

-Ce sont là des risques qu'il faut prendre en compte et je suis sûre que les autorités compétentes locales et nationales ne perdent pas de vue ces risques et les conséquences qui peuvent en découler. Je pense donc que ces autorités ne peuvent pas ne pas être vigilantes à cet égard !

- Les gens de Daklet-Nouadhibou sont-ils toujours aussi enclins à partir à Las-Palmas, en Europe et ailleurs pour passer de longues et coûteuses vacances au cours desquelles ils dilapident des quantités énormes de devises fortes dont le pays a un besoin vital pour son développement économique et social ?

-Vous savez, on ne peut pas dire que tous les gens de la wilaya sont des « flambeurs » irresponsables et des fêtards insouciants, mais l'on ne peut pas davantage dire qu'ils sont tous raisonnables, réfléchis et économes. C'est vous dire qu'il y a une part de vérité dans ce que vous dites. On peut cependant espérer qu'il y aura une prise de conscience plus aiguë de la nécessité d'utiliser avec rationalité et parcimonie les ressources en devises disponibles dans le pays et dont celui-ci a un besoin essentiel pour assurer le développement socioéconomique auquel tout le monde aspire.

-Dis-moi, est-ce que le nombre de mariages est en diminution à Nouadhibou comme c'est le cas à Nouakchott ? Et s'il en est ainsi, comment peut-on expliquer, à ton avis, ce phénomène ? Est-il, selon toi, dû aux dotes souvent prohibitives ou y a-t-il des raisons plus profondes que cela ?

-Ça c'est une question intéressante à laquelle je ne sais pas si je vais pouvoir répondre correctement. En fait, je n'ai jamais pris connaissance de statistiques édifiantes sur cette question. Toutefois, si l'on peut se fier à l'observation quotidienne, on remarque effectivement une baisse notable du nombre de mariages célébrés à Nouadhibou en particulier. Maintenant, comment expliquer ce phénomène ? Je ne suis pas sûre de pouvoir avancer une explication motivée et documentée. Je tends néanmoins à penser que la longueur des études, les dotes très élevées, les difficultés pour les jeunes gens de trouver des emplois et l'appréhension qu'ils ont des exigences de la parentalité sont autant de facteurs qui expliquent peut-être le recul du nombre de mariages, pas seulement dans ma wilaya mais partout ailleurs dans le pays et même dans le monde de façon générale. Je ne sais pas si cette réponse est satisfaisante mais c'est la seule que je trouve. »

Avec cette réponse, le débat prit fin. Najib renouvela ses compliments à Safia pour l'effort fourni, la fit applaudir par l'assistance puis leva la séance, et les élèves rentrèrent chez eux.

Moustapha présente 'Adrar

La dernière wilaya à faire l'objet d'un exposé au cours du dernier rassemblement des élèves de seconde B, dans la cours du Lycée National, fut la wilaya de l'Adrar.

Ce rassemblement eut lieu le jeudi 8 mars à 16 h 50. Le professeur de français qui avait assisté à toutes les séances devait prendre la parole après le dernier exposant pour synthétiser les idées maîtresses soulevées au cours de tous les débats et pour inventorier les sujets significatifs qui y avaient été abordés.

C'était sans doute pour cette raison que ce rassemblement avait attiré de nombreux élèves autres que ceux de la classe de seconde B.

L'orateur que Najib convia pour s'adresser à ce très large auditoire était un adolescent de 16 ans nommé Moustapha qui semblait, au moment où il s'avança pour se placer au milieu de l'assistance, éprouver quelques difficultés à maîtriser le trac qui lui nouait l'estomac.

Moustapha était un garçon haut de taille, il avait un teint clair et un visage agréable aux pommettes un peu saillantes. Ses yeux brillants trahissaient une vivacité intellectuelle certaine. Il toussota un peu pour se donner une contenance et avec un sourire il dit :

« Chers camarades, mesdemoiselles, messieurs, je vous salue tous et je souhaite la bienvenue aux autres élèves qui ont bien voulu se joindre à nous cet après-midi. Permettez-moi d'abord de me présenter. Mon nom c'est Moustapha et je suis là aujourd'hui pour vous parler de ma wilaya, l'Adrar.

Je m'en vais d'abord vous la situer. L'Adrar est limité au nord par Tiris-Zemour et le Mali, à l'est par Hodh Echargui, au sud par le Tagant et le Trarza et à l'ouest par l'Inchiri et Daklet-Nouadhibou. Sa capitale régionale est Atar et ses principaux centre urbains sont : Chinguitti, Aoujeft, Medah, et, last but not least, Ouadane, ma ville natale.

En dépit du peu de précipitations qu'elle reçoit annuellement, l'Adrar a néanmoins une vocation agro-pastorale. En effet des animaux tels que chameaux, chèvres et moutons peuvent y être élevés ; et grâce au système traditionnel d'irrigation utilisé dans les Oasis, il est possible d'y cultiver à petite échelle l'orge, le blé, le maïs, les légumes et même les fruits.

D'importantes quantités de dates sont également récoltées au niveau des oasis chaque année... ;

Ayant des traditions urbaines séculaires, les habitants de l'Adrar sont pour la plupart sédentaires ; de ce fait ils tendent à être laborieux, méthodiques et parcimonieux.

Par ailleurs l'existence dans la wilaya de cités anciennes prestigieuses telles que Ouadane et Chinguitti, des vestiges et de sites historiques tels que « Azougui », « Tinigui » et « Agweïdir » en plus d'innombrables grottes avec des dessins rupestres, des merveilles naturelles telles que « Amagjar » et « Guelb Errichat » ainsi que des oasis verdoyantes entourées d'immenses étendues désertiques aux dunes immaculées et multiformes, tout ceci confrère à la wilaya une vocation touristique incontestable.

Cette vocation est de plus en plus confortée et renforcée par le flot grandissant de touristes européens qui empruntent des vols charters à partir de différents pays européens pour débarquer à l'aéroport international d'Atar d'où ils essaiment dans toute la wilaya soit en convois de véhicules tout-terrain soit à dos de chameau soit à pied en compagnie de guides expérimentés et fiables.

Les oasis qui reçoivent en hiver un flux important de touristes européens, reçoivent en été un autre flux de gens provenant de différentes régions mauritaniennes pour profiter de la « Guetna » (période de la cueillette des dattes), qui constitue une occasion récurrente d'échanges commerciaux entre l'Adrar et les autres régions du pays vers lesquelles d'importantes quantités de dattes fraîches sont acheminées en cette période.

Outre les dattes, l'Adrar fournit une large gamme de légumes aux grandes villes du pays en particulier Nouakchott et Nouadhibou.

En plus de ces atouts la wilaya semble avoir un futur prometteur en termes de potentialités minérales dans la mesure où les indices très probants, mis en évidence par les sociétés étrangères opérant dans la wilaya laissent penser que son sous-sol recèle des métaux précieux tels que l'or, le diamant et d'autres.

De plus les activités artisanales au niveau de la wilaya permettent la confection d'articles à valeur artistique tels que les nattes de palmes ouvragées, les objets de cuir riches en couleurs et les articles de laine tissés à la main, pour ne citer que ceux-ci.

J'avais mentionné auparavant qu'en général les habitants de la wilaya sont laborieux et parcimonieux, je pense que je dois à la vérité de dire aussi qu'ils sont industrieux et entreprenants et c'est pour cette raison, je pense, qu'ils ont pu avec succès promouvoir diverses activités productives partout dans le pays participant ainsi de façon conséquente à son essor socioéconomique.

Voilà mesdemoiselles et messieurs ce que j'ai à vous dires sur la wilaya de l'Adrar et je me tiens à votre disposition pour répondre à vos questions éventuelles. »

Najib se leva, s'approcha de Moustapha et le remercia pour son exposé qu'il qualifia de complet et d'informatif et pour lequel l'assistance exprima son appréciation à travers un applaudissement nourri. Puis les questions commencèrent ; la première fut la suivante :

« Tu as indiqué qu'il y a dans la wilaya plusieurs sites de dessin rupestres. Peux-tu nous les localiser avec plus de précision ?

- Je ne peux pas au pied levé vous donner les positions précises de tous les sites de dessins rupestres dans la wilaya. Je sais cependant qu'il y a au moins deux sites aux environs d'Amagjar ; un autre se situe quelque part sur la route de Chinguitti après la passe de Noualtile. Il y a également neuf autres sites de dessins rupestres à Ouadane dont certains dans des grottes et d'autres à ciel ouvert.

Il y a trois sites localisés dans les environs de Ouadane en l'occurrence les sites de « Guelbs El Beyid », « d'Akweike » et de « Sbiil » situés respectivement à 80, 152 et 160 km au Nord de la ville ».

-Parlant de Ouadane, est-il vrai que dans le passé les Portugais s'étaient établis pendant quelques temps dans cette ville ? Si c'est le cas quand cela s'était-il passé et dans quel but ?

- Autant que je sache, les Portugais ne s'étaient pas à proprement parler établis à Ouadane. Ils avaient plutôt établi une fabrique à un endroit appelé « Agweidir » situé à 25 km au nord de la ville et ce au 15e siècle ; en 1487 pour être plus précis. Ils avaient séjourné à Agweidir pendant 7 ans au cours desquels ils avaient commercé avec les habitants de la ville qui était alors très prospère.

-Cela veut-il dire que les Portugais avaient d'une façon ou d'une autre participé à la construction de la cité de Ouadane ?

-Non, en fait, si je me souviens bien de ce que j'avais lu quelque part, quand les Portugais s'étaient établis dans les environs de Ouadane en 1487, la cité existait déjà depuis trois siècles puisqu'elle avait été fondée en 536 de l'hégire soit en 1142 de l'ère chrétienne.

-Dis-moi au fait, que cherchent les touristes en Adrar ? Qu'est-ce qui les attire tant dans cette wilaya, vers laquelle ils affluent sans arrêt ?

-Je ne sais pas exactement. Mais ce qui me semble évident c'est qu'ils paraissent apprécier les randonnées à dos de chameau sur les étendues désertiques sablonneuses et propres. Ils semblent aussi beaucoup aimer passer des nuits dans des campements en compagnie des nomades pour contempler le ciel étoilé et écouter le silence absolu, presque sonore, du désert pendant la nuit et pour admirer les levers de soleil fascinants à l'aube. Ce sont là des expériences que ces touristes estiment valoir la peine d'être vécues.

-Tu as mentionné plus qu'une fois le caractère laborieux des gens de l'Adrar. En quoi consiste exactement ce caractère que tu t'es évertué à mettre en relief ?

-Il consiste dans le fait que les hommes et les femmes de toutes conditions sociales ne rebutent aucun travail manuel ou autre susceptible de leur permettre de gagner honnêtement leur vie ; et ils ne méprisent aucune activité génératrice de revenus. Voilà pourquoi j'ai dit qu'ils sont laborieux et entreprenants. Ils sont, comme qui dirait, des fourmis et non des cigales.

-Est-il vrai que la wilaya a une cuisine raffinée ?

-Je pense que oui, et à en juger par l'opinion des étrangers qui la visitent, qu'ils soient Mauritaniens ou autres, les plats spécifiques de la wilaya sont appréciables particulièrement le couscous fait à partir d'un savant dosage de farine de blé et d'orge du cru sans parler des fameuses « Ksours » de Ouadane, sorte de crêpes en sauce, faites aussi à partir du même mélange de farines et qui sont particulièrement délicieuses ! »

Quant le débat prit fin, Najib remercia Moustapha à nouveau et l'invita à regagner sa place.

Cet exposé étant le dernier de la série d'exposés présentés par les élèves de la classe de seconde B concernant les différentes wilayas du pays, Najib invita Monsieur Hammadi, le professeur de Français, à conclure les débats et à évaluer cette expérience qui avait été menée pendant plusieurs semaines.

Hammadi présente la Mauritanie

Monsieur Hammadi se leva, fit face à l'audience et dit avec un sourire amical :

« Chers élèves, bonsoir. Pour commencer laissez-moi vous féliciter pour la persévérance dont vous avez fait preuve durant les semaines passées. Je voudrais pour ma part louer sincèrement les efforts remarquables faits par ceux d'entre vous qui avaient eu à présenter des exposés relatifs à leurs wilayas respectives. Et je voudrais avant tout adresser un remerciement spécial à votre camarade Najib pour avoir eu cette idée géniale d'organiser et diriger ces rencontres fructueuses.

Cette idée méritoire s'était traduite par une expérience originale qui se muera probablement en un cadre formel et institutionnalisé tel qu'un centre de jeunesse ou un club d'échange ou quelque chose de ce genre ; surtout que le contexte actuel est caractérisé par une politique apparemment bienveillante à l'égard du savoir, de la diffusion des connaissances et du rayonnement culturel.

S'agissant des différents exposés présentés, ils avaient bien mis en exergue les vocations spécifiques de nos différentes wilayas, ils avaient également souligné les handicaps qui gênent le développement de chacune de ces wilayas considérée à part. Ils avaient enfin mis le doigt sur les défis qui confrontent ces wilayas ainsi que les pratiques socioculturelles pernicieuses qui y sont répandues et auxquelles il doit être vite remédié ; en l'occurrence :

- le manque d'hygiène ;
- le mariage précoce ;
- le gavage de jeunes filles ;
- la polygamie ;
- le divorce abusif et son impact sur la famille ;
- la dot prohibitive ;
- les pratiques mutilantes infligées aux jeunes filles ;
- la pauvreté extrême et ses effets ;
- la destruction du milieu écologique, etc.

Ces exposés n'ont pas perdu de vue, non plus, les efforts louables déployés par les autorités nationales, les pays amis, les organisations non gouvernementales et celles de la société civile dans les différentes wilayas et qui visent l'amélioration des conditions de vie des populations en termes de santé, d'éducations, d'alphabétisation et d'allégement de la pauvreté, etc. ce sont là les aspects saillants sur lesquels les divers intervenants avaient jeté de la lumière.

Je voudrais pour ma part compléter les idées exprimées par les différents orateurs dans leurs exposés.

Notre pays qui est, comme, vous le savez, à la fois la somme totale de nos diverses wilayas et quelque chose de plus, a la particularité d'être un pays charnière entre la partie méridionale du Maghreb arabe et la partie septentrionale de la zone soudano-sahélienne. De ce fait, il est soumis au Nord à un climat sec et chaud où la moyenne des précipitations atteint rarement 63 mm et au Sud à un climat chaud et humide de type sahélien où les précipitations peuvent atteindre en moyenne 600 à 650 mm.

Le régime des pluies est déterminé par les vents Alizés qui font que la saison pluvieuse s'étend généralement du mois de juillet au mois de septembre.

La superficie du pays est comme vous le savez tous 1.030.700 km^2 sur laquelle vit une population de plus de 2,8 millions d'habitants. 52,4% de notre population sont sédentaires. Son taux de croissance annuelle est de 2,6%. L'espérance de vie est de 54 ans. Le pays a des côtes longues de 750 km.

Bien que la Mauritanie soit dotée de ressources naturelles et animales tels que le bétail, le poisson, le fer, le cuivre, l'or, le gypse, le phosphate pour ne citer que ceux-ci… elle est jusqu'ici classée comme pays pauvre puisque son revenu moyen annuel par tête d'habitant est encore de 480 dollars américains.

Jusqu'en 1985, le pays connaissait une situation économique très contraignante. Le poids de la dette était écrasant et le taux de la croissance économique était pratiquement nul, l'inflation était galopante et le déficit de la balance commerciale allait grandissant. En un mot tous les indicateurs économiques étaient alarmants.

Mais à partir de 1986, de profondes réformes économiques étaient mises en œuvre. Elles consistaient en une série de programmes d'ajustement structurels complémentaires. Ces réformes, qui ont adopté le libéralisme économique, ont été étayées par des transformations politiques notoires qui ont abouti à l'instauration de la démocratie multipartite, à l'institution des libertés fondamentales et à la prééminence du droit ce qui avait favorisé l'avènement d`une certaine mutation socioculturelle dans le pays.

En conséquence le taux de croissance de notre économie a commencé à grimper, celui de l'inflation a commencé à diminuer et tous les déficits ont été progressivement maîtrisés ; ce bond qualitatif a renforcé la confiance des institutions financières en notre pays et a accru sa crédibilité au plan international.

Tout ceci a conduit, à terme, à la mise en œuvre d'un processus d'annulation de la dette extérieure de notre pays ce qui a permis d'abord d'alléger l'énorme pression à laquelle il était soumis et ensuite de dégager un surplus de liquidité qui est actuellement investi dans une large gamme de grands projets nationaux ayant trait à l'agriculture, à la santé, à l'éducation, etc. La capacité d'endettement du pays a été ainsi élargie ce qui lui permet de disposer de fonds nécessaires non seulement pour financer la mise en place de différentes infrastructures de base dont il a besoin à court et à moyen terme, mais aussi pour financer la mise en œuvre d'une stratégie nationale de lutte contre la pauvreté qui vise entre autres à ramener le taux de pauvreté à moins de 17% et celui de l'analphabétisme à 1% de la population globale à l'horizon 2015.

Au bout du compte ce que chacun de nous doit bien comprendre c'est que la stratégie nationale mise en œuvre à l'heure actuelle et qui vise l'éradication de l'analphabétisme, l'allégement de la pauvreté, l'intégration de la femme dans le processus économique, l'actualisation du système éducatif, la généralisation du savoir, la radicalisation du libéralisme économique et la consolidation de la démocratie intégrale, cette stratégie, dis-je, a un objectif principal à savoir la préparation judicieuse du pays aux exigences de la globalisation ; qui sont entre autres : l'excellence, la compétitivité et la combativité. Car il faut se convaincre que cette globalisation n'est autre chose qu'une forme de darwinisme économique, social, politique et culturel où seules survivront les nations les plus fortes tandis que les plus faibles seront laissées sur le bord de la route.

Voilà pourquoi toutes les générations de notre pays y compris vous-mêmes, bien entendu, doivent se préparer à fond non seulement pour que la Mauritanie survive et se maintienne mais pour qu'elle occupe une place de choix parmi les nations du monde.

Enfin avant de finir, je vous réitère mes félicitations et vous remercie de votre attention soutenue.

Quand Monsieur Hammadi finit son intervention Najib prit la parole pour le remercier chaleureusement au nom de l'ensemble de ses camarades, qui se levèrent tous spontanément pour l'applaudir et l'ovationner.

Là-dessus la séance terminale prit fin et tous les élèves quittèrent la cour du Lycée National manifestement très satisfaits de cette expérience inédite qu'ils avaient eux-mêmes initiée et menée à bonne fin et qui leur a permis d'apprendre bien des choses sur la Mauritanie.

L'HARMATTAN ITALIE
Via Degli Artisti 15; 10124 Torino

L'HARMATTAN HONGRIE
Könyvesbolt ; Kossuth L. u. 14-16
1053 Budapest

L'HARMATTAN BURKINA FASO
Rue 15.167 Route du Pô Patte d'oie
12 BP 226 Ouagadougou 12
(00226) 76 59 79 86

ESPACE L'HARMATTAN KINSHASA
Faculté des Sciences sociales,
politiques et administratives
Université de Kinshasa
BP243, KIN XI

L'HARMATTAN CONGO
67, av. E. P. Lumumba
Bât. – Congo Pharmacie (Bib. Nat.)
BP2874 Brazzaville
harmattan.congo@yahoo.fr

L'HARMATTAN GUINÉE
Almamya Rue KA 028, en face du restaurant Le Cèdre
OKB agency BP 3470 Conakry
(00224) 60 20 85 08
harmattanguinee@yahoo.fr

L'HARMATTAN CÔTE D'IVOIRE
M. Etien N'dah Ahmon
Résidence Karl / cité des arts
Abidjan-Cocody 03 BP 1588 Abidjan 03
(00225) 05 77 87 31

L'HARMATTAN MAURITANIE
Espace El Kettab du livre francophone
N° 472 avenue du Palais des Congrès
BP 316 Nouakchott
(00222) 63 25 980

L'HARMATTAN CAMEROUN
BP 11486
Face à la SNI, immeuble Don Bosco
Yaoundé
(00237) 99 76 61 66
harmattancam@yahoo.fr

L'HARMATTAN SÉNÉGAL
« Villa Rose », rue de Diourbel X G, Point E
BP 45034 Dakar FANN
(00221) 33 825 98 58 / 77 242 25 08
senharmattan@gmail.com

Achevé d'imprimer par Corlet Numérique - 14110 Condé-Sur-Noireau
N° d'imprimeur : 78713 - Dépôt légal : avril 2011 - *Imprimé en France*

Made in United States
Troutdale, OR
11/03/2026

56844632R00060